MINISTÈRE DE L'AGRICULTURE

DIRECTION GÉNÉRALE DES EAUX ET FORÊTS

SERVICE DES AVERTISSEMENTS AGRICOLES

RAPPORT

SUR LES TRAVAUX EFFECTUÉS

LA STATION D'AVERTISSEMENTS AGRICOLES DE MONTPELLIER

PENDANT L'ANNÉE 1919

PAR

M. L. RAVAZ

CHARGÉ DE LA DIRECTION DE LA STATION

PARIS

IMPRIMERIE NATIONALE

1921

RAPPORT

SUR LES TRAVAUX EFFECTUÉS

À LA STATION D'AVERTISSEMENTS AGRICOLES DE MONTPELLIER

PENDANT L'ANNÉE 1919,

PAR

M. L. RAVAZ,

CHARGÉ DE LA DIRECTION DE LA STATION.

En 1919, la station d'avertissements agricoles de Montpellier a continué, en le développant, le service d'informations qui avait commencé à fonctionner en 1918, concernant les maladies de la vigne (surtout mildiou et oïdium) et sa biologie.

I. Organisation. — Quatre nouveaux postes météorologiques agricoles ont été ajoutés aux trente-deux créés en 1918. Dix postes ont été désignés pour recevoir des thermomètres enregistreurs.

La Confédération générale des vignerons (sections de Montpellier-Lodève et de Béziers-Saint Pons) a bien voulu continuer son appui moral à l'organisation du service et prendre à sa charge les frais d'établissement des nouveaux postes, comme elle l'avait fait en 1918 pour les autres.

PRÉVISION DES MALADIES.

Mildiou. — En ce qui concerne le mildiou, des études antérieures, nettement confirmées par les recherches poursuivies à la station en 1917 et en 1918, ont établi les points essentiels suivants :

1° Au début de la saison, la germination des spores d'hiver du mildiou est l'origine de la première contamination d'où résulte la première invasion ;

2° A partir de la première invasion, la maladie ne se manifeste à l'extérieur, dans notre région, et ne devient ainsi dangereuse que sept jours après une nouvelle attaque et, par suite, après une pluie de contamination.

1° Pour prévoir la date de la première invasion, on a utilisé le dispositif que j'ai indiqué dans mon premier Rapport. Des sarments sont couchés dans une fosse peu profonde mais où les eaux peuvent séjourner un certain temps. Des fragments de feuilles contenant des spores d'hiver sont placés dans cette cuvette, les unes à la surface, et maintenues par de petits cailloux qui ne gênent en rien l'action des eaux, les autres à moitié enterrées et pour cette raison pourrissant plus complètement et mettant ainsi en liberté les spores d'hiver qu'elles contiennent. Celles-ci peuvent sans doute évoluer à l'intérieur d'une feuille entière et arriver à émettre au dehors des macroconidies à zoospores, nous en avons des exemples. Mais il faut pour cela que le tube conidiophore traverse tous les tissus de la feuille et rompe l'épiderme, qui, dans une feuille non encore pourrissante, offre une résistance parfois considérable. Aussi est-ce sur les bords des déchirures ou des fissures des feuilles, où l'obstacle à la sortie est nul, que les macroconidies apparaissent le plus fréquemment. Il est donc bon ou de réduire les feuilles en poudre avant de les employer comme agents de contamination, ou de les placer de très bonne heure, dès l'automne, dans la cuvette, mélangées à de la terre, afin d'en hâter la désagrégation. Cette précaution est essentielle, sans quoi on ne serait plus placé dans les conditions qui se présentent souvent au printemps en pleine vigne.

Dès que la végétation est commencée, c'est-à-dire dès que les feuilles commencent à s'épanouir, on suit *après les pluies* la marche de la température et, au microscope, l'évolution des spores d'hiver. On peut arriver ainsi à saisir la première apparition des macroconidies qui produisent la première attaque. La première invasion qui en dérive devient visible au dehors sur les feuilles vivantes sept à neuf jours après. Si la durée de la période d'incubation ne paraît pas avoir ici la constance reconnue pour les invasions d'été, cela peut tenir à ce qu'il est possible que des abaissements de température, fréquents au premier printemps, en modifient la durée, ou peut-être aussi à ce que la première évolution des macroconidies a échappé à l'observateur. En tout cas, après toute pluie assez importante pour maintenir la terre gorgée d'eau pendant le temps nécessaire à l'évolution des spores d'hiver en macroconidies, la première invasion est en route ; la date de son apparition sur les feuilles est connue à un ou deux jours près.

2° La prévision des invasions suivantes nécessite la connaissance immédiate de la quantité, de la température et de l'heure de la pluie tombée dans les diverses localités où sont envoyés les avertissements.

Pour obtenir ces indications, la station avait organisé, en 1918, dans les parties viticoles du département, trente-deux *postes météorologiques agricoles*. Elle a porté leur nombre à trente-six en 1919 et a remplacé plusieurs chefs de postes qui n'avaient pas fait leurs observations en 1918 avec une régularité suffisante.

La constitution de chaque poste a été la même que l'an dernier.

Aussitôt après chaque pluie, le chef du poste météorologique adresse à la station d'avertissements une carte postale indiquant la quantité d'eau tombée, la température pendant la pluie et l'heure de la chute. De plus, pendant la période de l'année où les invasions du mildiou sont le plus à craindre, les chefs de poste envoient ces mêmes indications par télégrammes chiffrés.

Tous les lundis, chaque poste envoie le relevé complet des observations météorologiques et biologiques de la semaine précédente.

A la station d'avertissements, les cartes postales et les télégrammes sont immédiatement dépouillés, leur contenu transcrit sur divers registres ou fiches et mis sous forme de graphiques constamment tenus à jour. On voit ainsi d'un coup d'œil, à un instant donné, la situation météorologique et biologique actuelle de chaque localité munie d'un poste météorologique.

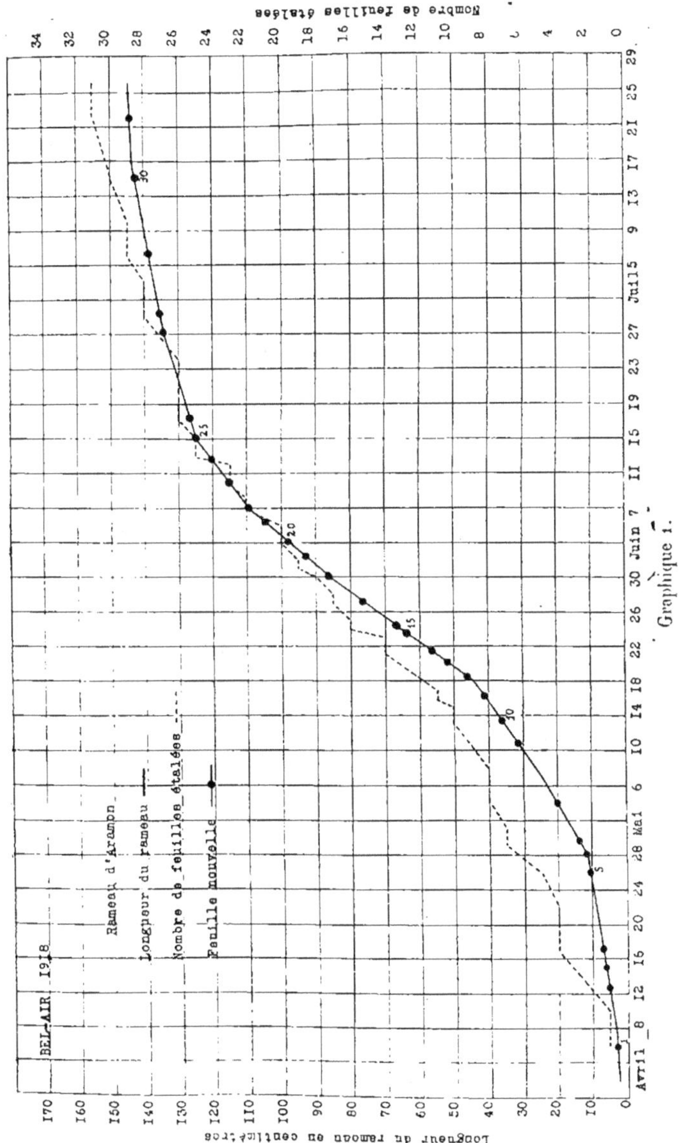

Graphique 1.

Enfin, quand il y a lieu, la détermination du nombre et de la vitalité des germes de mildiou recueillis à la station dans des entonnoirs et sur des lames de verre placés dans la vigne complètent ces renseignements.

Ainsi documenté par les postes et par ses propres observations, le Directeur de la station d'avertissements juge de l'opportunité de certains travaux de défense contre les maladies de la vigne et envoie ces indications aux postes sous forme de *notes* ou, dans les cas urgents, par télégrammes.

L'utilisation de cette documentation est suffisamment indiquée par les sept notes portées à la connaissance des viticulteurs et jointes à ce rapport.

Les dates d'application des traitements dérivent des données précédentes : le traitement qui a le plus de chances d'être entièrement efficace est celui qui est donné la veille même de l'apparition de l'invasion qui est connue à l'avance; puis ceux qui sont donnés un, deux, trois, quatre... jours avant cette date. Pourquoi? Ce n'est nullement parce que les bouillies cupriques perdent de leur efficacité à mesure qu'elles vieillissent sur les feuilles, mais parce que de nouvelles feuilles non cuivrées se forment sans cesse par-dessus ou à côté des anciennes et restent attaquables par la maladie. Mais leur vitesse de formation et de développement au cours de la végétation n'est pas la même : ses variations sont indiquées par les graphiques 1, 2, 3, 4 pour un rameau, 5 pour une souche entière. Les graphiques 6 à 9 donnent l'allure de la croissance de la surface foliacée en fonction de la longueur des rameaux. On voit qu'elle continue à augmenter même lorsque le rameau principal a cessé de s'allonger.

La détermination de la surface foliaire d'un rameau ou d'une souche en voie de croissance présente de grandes difficultés. Appliquer une feuille sur un papier quelconque, en tracer le contour et le mesurer au planimètre, cela exige un temps incompatible avec le grand nombre de mensurations à effectuer. Il a paru nécessaire de rechercher s'il existe un rapport constant, par exemple entre le produit longueur $L \times$ largeur l des feuilles et leur surface. Ce travail a été fait avec beaucoup de soins par M. Geze, météorologiste agricole à la station. Il en résulte que pour l'Aramon le produit $L \times l$ donne sensiblement la surface exacte des feuilles (fig. 10). Mais il en diffère pour d'autres variétés et sa valeur doit être modifiée pour chacune d'elles par un coefficient qui en est en quelque sorte une caractéristique.

L'examen de ces divers graphiques montre :

a. Que la vitesse de formation des nouvelles feuilles, qui est d'abord très lente, devient bientôt très rapide, puis se ralentit et s'annule. Dans les régions humides une deuxième période de formation de jeunes feuilles a lieu fréquemment en août; elle est rarement notée ici.

b. L'accroissement de la surface foliacée totale est sensiblement parallèle à l'accroissement en longueur des rameaux; on peut donc mesurer l'une par l'autre. La surface foliacée des rameaux secondaires dépasse parfois celle du rameau qui les porte tous. Cela dépend du reste de la vigueur de la plante, de la direction des tiges, etc.

Quoi qu'il en soit, il suffit de très peu de temps pour que la surface foliacée totale

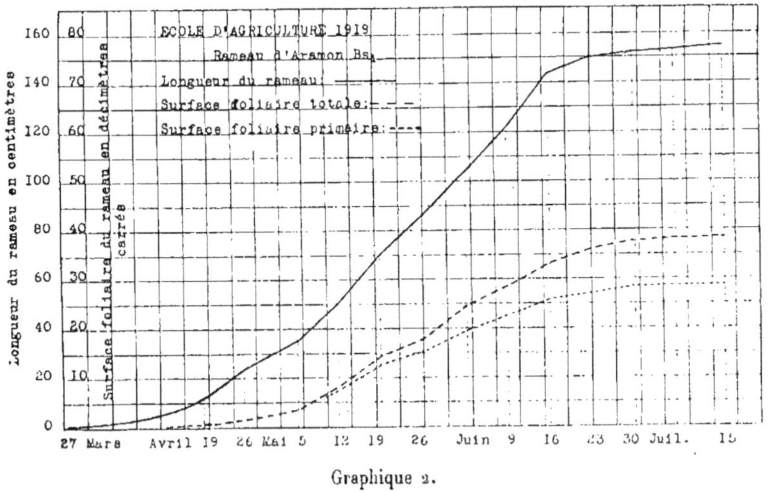

Graphique 2.

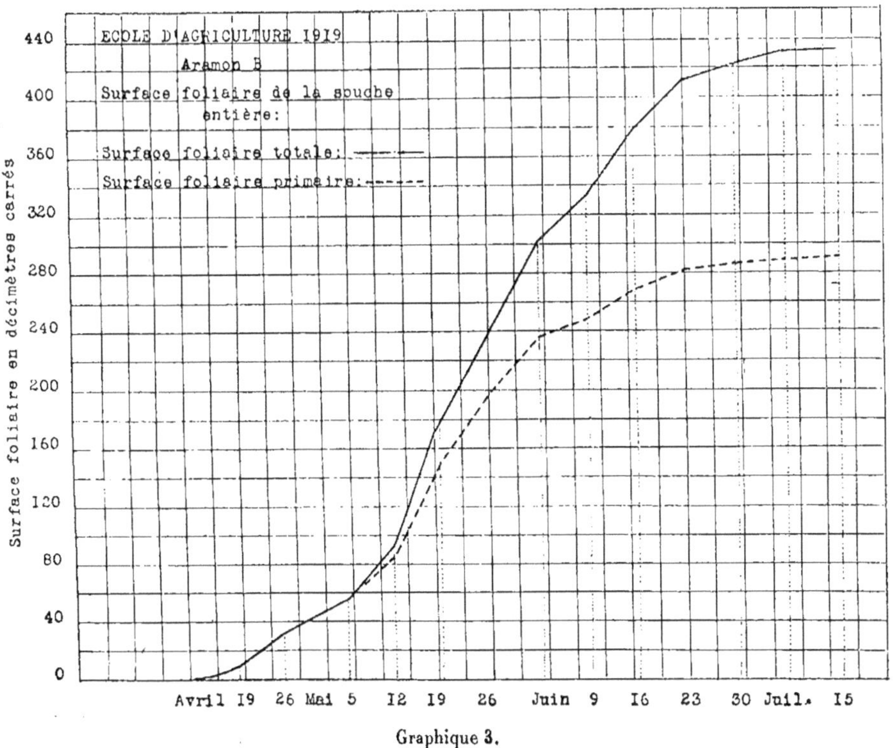

Graphique 3.

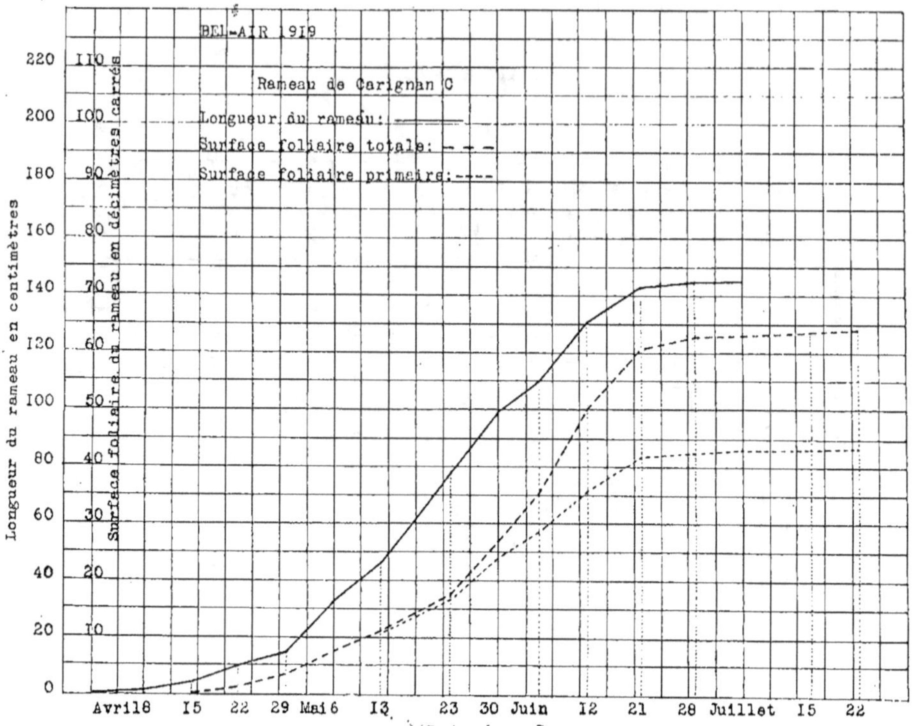

Graphique 4.

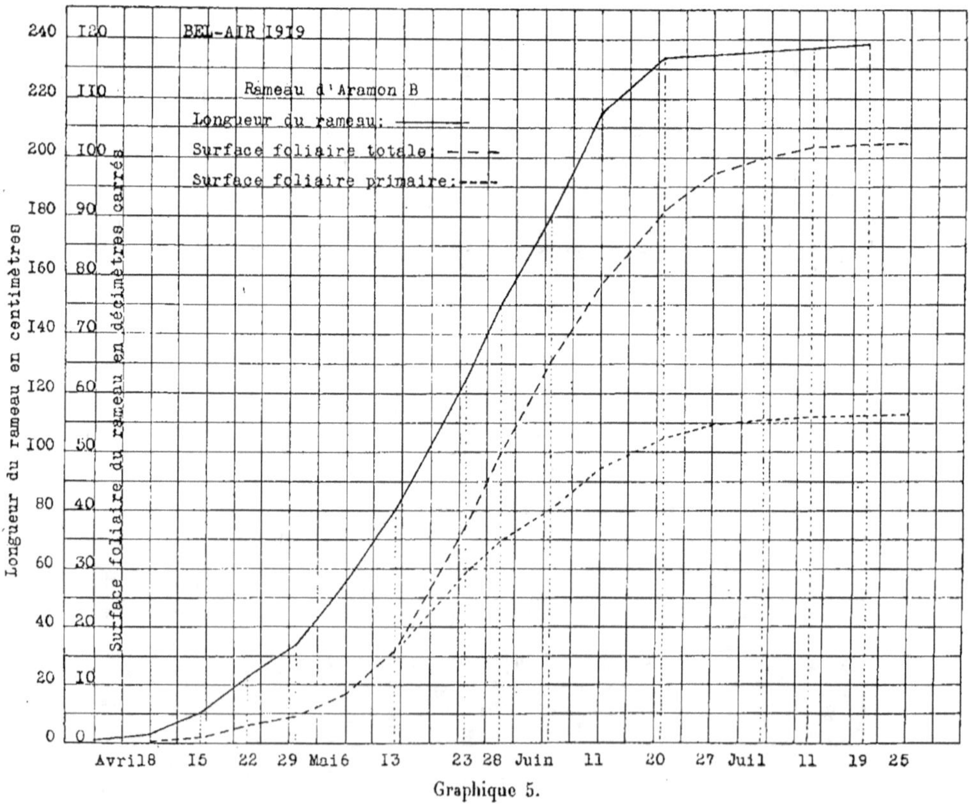

Graphique 5.

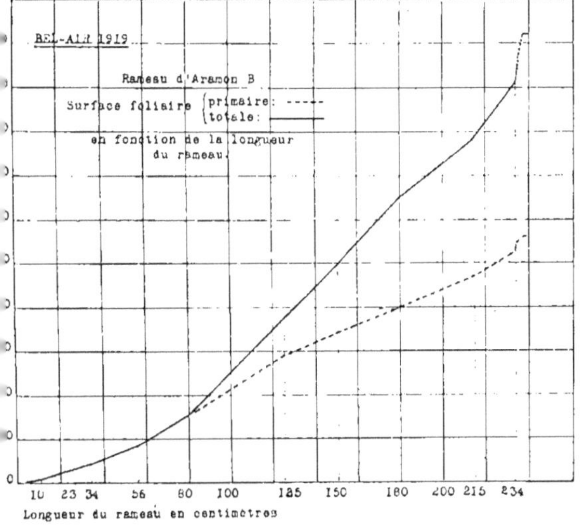

Graphique 6.

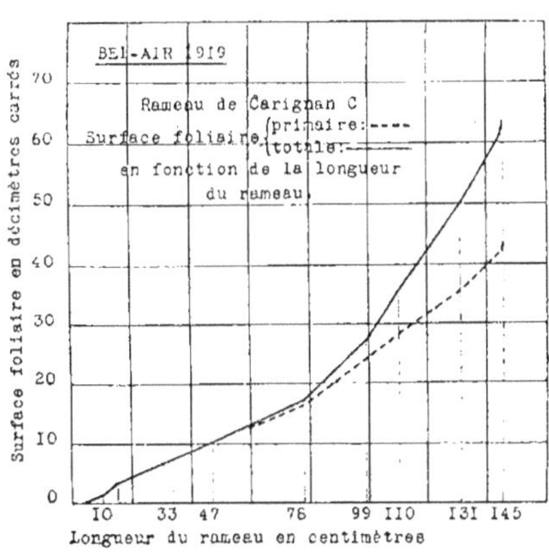

Graphique 7.

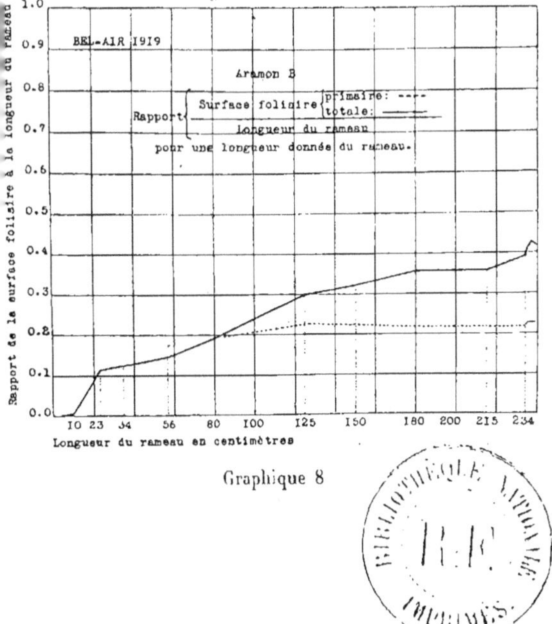

Graphique 8

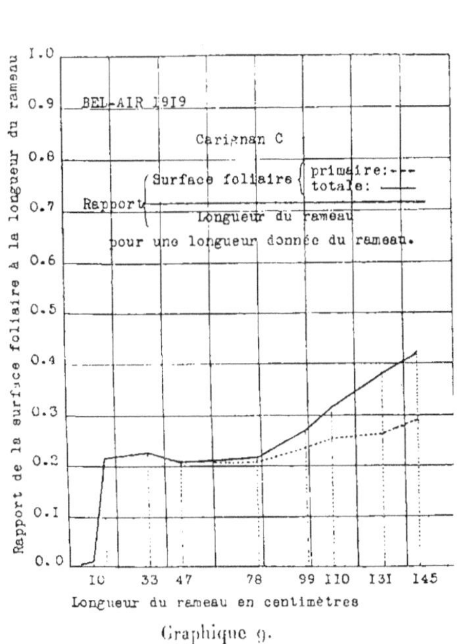

Graphique 9.

passe du simple au double. Au moment où la végétation est la plus active, vers fin mai le plus souvent, le feuillage s'accroît autant en trois jours qu'en trente jours en avril ; c'est le développement rapide du feuillage à cette époque qui, en année pluvieuse, oblige à donner des traitements successifs nombreux.

II. **Résultats obtenus.** — L'année 1919 n'a pas été favorable au développement du mildiou : la rareté des germes au début de la végétation, la sécheresse plus tard, se sont opposées à l'extension de la maladie.

La station d'avertissements a néanmoins adressé aux postes météorologiques agricoles les sept notes ci-jointes et deux télégrammes.

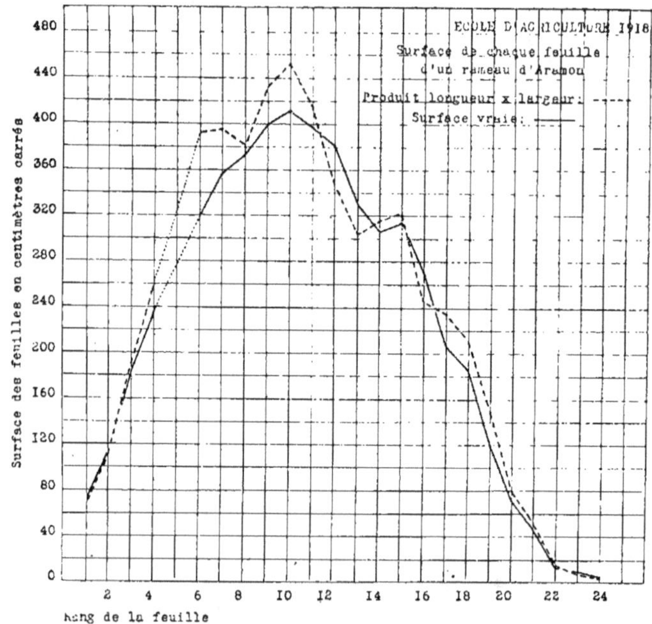

Fig. 10.

Aucune invasion de mildiou n'ayant été constatée, les sept notes envoyées du 28 avril au 15 juillet se sont bornées à indiquer les précautions à prendre pour éviter la première contamination, due à la germination des spores d'hiver, puis à rassurer les viticulteurs, à leur conseiller de ralentir et même de supprimer les sulfatages, en développant les raisons pour lesquelles ces opérations ne semblaient pas utiles.

Certains viticulteurs ont suivi les instructions et ont réduit les traitements contre le mildiou à un seul, certains même à zéro, réalisant ainsi une économie considérable, par suite des prix élevés des sels de cuivre et de la main-d'œuvre nécessaire pour les répandre. Leurs vignes se sont maintenues pourtant en aussi bon état que celles où on avait exécuté une dizaine de sulfatages.

À la station et à l'école, conformément à ces indications, les vignes n'ont pas été sulfatées et le mildiou n'a pas paru.

L'*Oïdium*, qui s'est développé en 1919 avec intensité dans beaucoup de situations, a motivé des conseils de la station renouvelés dans chacune de ses notes.

Black-Rot. — La sécheresse n'a pas permis de suivre le développement de cette maladie. La question sera reprise.

Les viticulteurs de l'Hérault et des départements voisins se sont si bien rendu compte de l'utilité de ces avertissements qu'ils en ont demandé la publication dans les journaux pour en faire profiter un plus grand nombre d'intéressés, et plusieurs d'entre eux, ainsi que certaines communes, ont sollicité l'installation de postes météorologiques, en se chargeant de tous les frais, pour être plus vite et plus exactement avertis des travaux à exécuter.

III. **Travaux accessoires.** — En dehors des avertissements proprement dits, la station a continué en 1919 les recherches qu'elle avait entreprises en 1917 et en 1918 sur le développement des divers organes de la vigne, en relation avec celui du mildiou.

J'adresse à nouveau mes remerciements à mes collaborateurs à la station : M. GEZE et Mlle ROUX, et à M. ANTONIADIS, qui m'ont tous prêté le concours le plus empressé et le plus efficace.

NOTE I. — Montpellier, 28 avril 1919. — 1° L'hiver a été cette année très sec dans le Midi de la France. A Montpellier, il n'est tombé, durant la saison hivernale, que 141 millimètres contre 183 en 1918 et, depuis le 20 mars jusqu'à ce jour, 19 millimètres contre 153 en 1918. Ainsi les puits sont-ils déjà très bas et les rivières presque à sec.

Ces conditions ont été défavorables au développement du mildiou. Jusqu'ici aucune germination des spores d'hiver n'a pu se produire, ni aucune attaque avoir lieu. Nos vignes sont donc entièrement indemnes de mildiou.

Cependant, il conviendrait de donner aux vignes les plus avancées le premier traitement cuprique, dans les parties qui peuvent être inondées et dans celles où les eaux peuvent séjourner, c'est-à-dire aux points où le mildiou se déclare en premier lieu : ce sont, on le sait, les points où la pente diminue et devient nulle et qui occupent soit la base du coteau, soit le plateau.

Ces vignes devront être traitées à fond, presque badigeonnées de bouillie, de manière que les germes projetés du sol par les pluies tombent sur des organes cuivrés. Les grappes, qui sont maintenant très détachées des feuilles, devront être particulièrement visées par l'ouvrier.

Pour ces mêmes vignes, l'ébourgeonnage du tronc et des bras est recommandé.

Pour les vignes situées sur des pentes régulières, on peut encore attendre, si on veut, pour effectuer le premier traitement.

2° Des recherches particulières ont révélé l'existence de l'oïdium dans les bourgeons éclos ou non éclos du Carignan, du Morrastel-Bouschet qui ont été très atteints par cette maladie l'année passée. Les soufrages devront y être faits plus tôt qu'ailleurs et plus copieusement.

Note II. — *La situation.* — 1° *Mildiou.* — Les pluies du 9 et du 10 mai ont fourni les quantités d'eau suivantes : 29 millimètres à Saint-Chinian; 25,4 à Olonzac; 8,7 à Capestang; 16,7 à Cessenon; 19 à Magalas; 2 à Béziers; 15 à Portiragnes; 13 à Roujan; 3,7 à Agde; 17 à Montagnac; 19,5 à Saint-André; 13,8 à Paulhan; 18,3 à Saint-Jean-de-Fos; 15,8 à Aniane; 26 à Cournonterral; 15 à Poussan; 31,3 à Montpellier (Bel-Air); 16,5 à Mauguie; 22,6 à Mudaison; 5,8 à Lunel; 18,5 à Saint-Christol.

Ces quantités, tombées plutôt lentement, ont été rapidement absorbées par la terre cultivée et sèche. Nulle part il n'a pu se former des flaques d'eau, même dans les cuvettes et sillons de déchaussage. — D'autre part la température s'est maintenue, pendant et même après la pluie, aux environs de 12 à 13 degrés. Entre les averses, aucune éclaircie ensoleillée pour chauffer la terre humide de la surface.

Les conditions nécessaires à la germination des spores d'hiver n'ont donc pu se réaliser pendant un temps suffisant et aucune germination n'a été observée; par suite, aucune attaque ne s'est encore produite. Au point de vue mildiou, la situation à la date d'aujourd'hui est sensiblement la même qu'avant la pluie.

2° *Oïdium.* — Si le mildiou est jusqu'ici inactif, l'oïdium par contre se généralise. On en trouve dans toutes les vignes.

Note III. — Montpellier, 20 mai 1919. — *La situation.* — I. Quelques averses sont tombées la semaine dernière. Elles ont donné : 4 millimètres à Olonzac; 3,5 à Bédarieux; 1,5 à Agde; 1,1 à Montpellier (Bel-Air).

Ces quantités sont trop faibles pour provoquer le développement du mildiou. Notre vignoble peut donc être considéré comme toujours indemne de cette maladie.

II. Je prie instamment les chefs de postes météorologiques de vouloir bien envoyer immédiatement :

1° Après *chaque jour de pluie* un télégramme et une carte postale confirmant le télégramme, donnant les quantités d'eau tombée et la température pendant la pluie. — Ces renseignements sont indispensables pour prévoir et annoncer suffisamment à l'avance les invasions. Sans eux toute prévision est impossible.

2° A la fin de chaque semaine une carte postale récapitulant toutes les observations de la semaine.

III. — **Réponse à une question posée.** — 1° S'il survenait une pluie forte et persistante par température élevée, les spores d'hiver germeraient, attaqueraient les feuilles rapprochées du sol et mettraient ainsi en route la *première* invasion. Celle-ci apparaîtrait au dehors, sous la forme de taches, sept-neuf jours plus tard, car l'incubation en est un peu plus longue que celle des suivantes.

2° La première attaque n'est par elle-même dangereuse que dans les vignes où les eaux s'accumulent : dépression des plateaux, parties des coteaux dont la pente s'annule, bas-fonds, etc. Là, elle peut, du premier coup, quoique rarement, amener la destruction de la récolte. Elle est aussi une source de germes qui créent un danger pour tout le voisinage.

3° Ailleurs : vignes en pente même faible s'égouttant bien, elle est à peu près constamment nulle et, par suite, négligeable.

4° Nous ne pouvons pas *prévoir* cette première attaque à l'avance, puisqu'elle est liée à la chute éventuelle d'une pluie dont nous ignorons la date et l'importance. Pour éviter qu'elle porte sur les grappes, il a été conseillé (voir note I) de faire un *traitement préliminaire*, dès que celles-ci sont bien détachées des feuilles, sur les vignes énumérées en 2°.

5° Si nous ne pouvons pas la prévoir, nous pouvons en *voir* la réalisation. Nous savons dès lors que sept-neuf jours plus tard apparaîtra la première invasion qui, par ses germes actifs, crée un grave danger, non seulement pour les vignes sur lesquelles elle s'est déclarée, mais encore pour celles du voisinage et pour celles énumérées en 3°. C'est ce danger qu'il s'agit de supprimer ou de réduire en traitant les vignes de telle sorte qu'elles soient *cuivrées* à la date prévue pour la première invasion. On voit qu'on a sept-neuf jours pour assurer cette protection. Les traitements les plus rapprochés de l'invasion attendue sont évidemment les plus efficaces; il ne faut donc se hâter qu'avec modération.

6° Au moment où j'écris ces lignes (18 mai) toutes les vignes ont reçu le traitement préliminaire (voir en 4°). Or la première attaque ne peut venir que du sol. Quoi qu'il arrive (vignes inondées exceptées), elle ne peut être que très faible, les feuilles les plus rapprochées de terre étant cuivrées. En elle-même, elle est négligeable. Par les germes actifs qu'elle donnera sept-neuf jours plus tard, elle sera plus inquiétante. Mais ces germes, nous avons sept-neuf jours pour les rendre inoffensifs.

En résumé, dans l'Hérault, *si on veut*, on peut très bien attendre que la première attaque se soit réalisée pour effectuer de nouveaux traitements. — L'ébourgeonnage est toujours conseillé.

Note IV. — Montpellier, 24 mai 1919. — La pluie du 22 mai a fourni les quantités d'eau suivantes : 15 millimètres à Olonzac; 4 à Olargues; 12 à Saint-Chinian; 12,5 à Capestang; 9 à Causses-et-Veyran; 8 à Magalas; 10 à Saint-Pierre-de-Serjac; 7,6 à Béziers; 8,6 à Portiragnes; 11 à Roujan; 13,3 à Agde; 7,5 à Saint-André; 7,4 à Paulhan; 14,4 à Saint-Jean-de-Fos; 8,9 à Aniane; 7,5 à Cournonterral; 6,5 à Mèze; 10 à Poussan; 7,9 à Frontignan; 6 à Montpellier (Bel-Air); 6,5 à Mauguio; 4 à Lunel-Viel; 3 à Saint-Cristol; 1,8 à Quissac.

Cette pluie, plutôt douce, a duré presque toute la journée, avec des arrêts non ensoleillés. La nuit suivante, une forte rosée a maintenu les feuilles mouillées jusqu'au lever du soleil. Température pendant la pluie : de 10 à 16°.

Cette pluie a été insuffisante pour assurer la germination des spores d'hiver, sauf peut-être aux points, très rares d'ailleurs, où des ruissellements ont pu se produire. Aucune attaque inquiétante n'a donc pu avoir lieu, et le vignoble reste aussi sain qu'avant la pluie.

Je demande encore à MM. les chefs de poste de vouloir bien se conformer exactement aux indications de la note III du 20 mai. Les frais de télégrammes leur seront remboursés, s'ils ne leur ont pas été versés d'avance.

Note V. — Montpellier, 2 juin 1919. — Les pluies orageuses du 31 mai ont fourni les quantités d'eau suivantes : 44 millimètres à Olonzac; 35,4 à Olargues; 24 à Saint-Chinian; 17,2 à Capestang; 22,5 à Cessenon; 24,5 à Cazouls; 41,5 à Causses-et-Veyran; 24 à Magalas; 30 à Saint-Pierre-de-Serjac; 21,2 à Béziers; 38,5 à Bédarieux; 5,1 à à Portiragnes; 47,5 à Roujan; 12,4 à Agde; 6 à Montagnac; 35 à Saint-André; 17,7 à Paulhan; 38,2 à Saint-Jean-de-Fos; 39 à Aniane; 14 à Cournonterral; 10,2 à Mèze; 14 à Poussan; 21,5 à Frontignan; 34,7 à Montpellier (Bel-Air).

Ces pluies n'ont intéressé que la partie de l'Hérault comprise entre Montpellier et la limite sud-ouest du département. Elles ont été nulles ou presque nulles au nord-est de Montpellier, où la sécheresse continue. — Température de la pluie : de 11° à 23°. Dans les cuvettes de déchaussage, après la pluie le 1er juin, la température a atteint 25°.

Tombées parfois avec une grande violence, les averses du 31 mai ont mouillé assez profondément la terre ou formé des flaques qui du reste ont rapidement disparu. Comme elles n'ont duré qu'une demi-journée, elles n'ont pu assurer la germination des spores d'hiver qu'elles avaient pu projeter sur le feuillage. Seules celles de ces spores qui sont restées à la surface du sol, dans des parties gorgées d'eau, ont pu germer et venir infecter les feuilles très rapprochées de terre.

Il se pourrait donc que quelques taches de mildiou apparaissent vers le 8 juin dans les points bas, bien exposés et où les feuilles touchent terre. Elles seront sans importance par elles-mêmes et par leurs conséquences. Aucune invasion n'est attendue dans les autres situations des vignobles.

Note VI. — Montpellier, le 18 juin 1919. — Quelques taches de mildiou consécutives à la pluie du 31 mai se sont montrées, comme il avait été annoncé, dans les localités où les pluies ont été particulièrement abondantes.

Elles sont très rares et ne peuvent constituer de foyer inquiétant.

Les pluies d'orages du 16 et 17 juin ont donné les quantités d'eau suivantes : 16 millimètres à Olargues; 38 à Saint-Chinian; 2,6 à Capestang; 7 à Causses-et-Veyran; traces à Magalas; 23 à Bédarieux; 0,3 à Paulhan; 35,6 à Saint-Jean-de-Fos; 39,2 à Aniane.

Ces pluies ont pu provoquer autour des taches précédentes une deuxième attaque dont les taches apparaîtront du 23 au 24 juin : elle sera sans importance. La situation du vignoble reste sensiblement la même.

Note VII. — Montpellier, le 15 juillet 1919. — 1° Depuis la note VI du 18 juin, les pluies ont été très rares et insignifiantes. Il est tombé : le 4 juillet, 3 millimètres 6 à Olonzac; 10,4 à Olargues; 4 à Saint-Chinian; 1,1 à Capestang; 13 à Cazouls; 5 à Causses-et-Veyran; 9 à Bédarieux; 1,6 à Paulhan; 3 à Saint-Jean-de-Fos; 2,6 à Aniane; traces à Mèze et à Bel-Air. — Le 8 juillet : 13 millimètres à Olargues; 1,5 à Montagnac. Saint-Jean-de-Fos et à Mèze; 8 à Montpellier; 1 à Bel-Air; 4,7 à Quissac. — Le 11 juillet : 4 millimètres 5 à Olonzac; 2,3 à Capestang; 4 à Cazouls; 13 à Causses-et-Veyran; 1,5 à Saint-Pierre-de-Serjac; 2,5 à Bédarieux; 1,5 à Mèze.

C'est donc la partie sud-ouest du département qui a bénéficié de ces averses; ailleurs elles ont été nulles.

Les germes actifs n'existant pas, l'influence de ces pluies sur le mildiou a été nulle. Aucune attaque n'a été signalée. Le vignoble de l'Hérault est entièrement sain.

2° La végétation de la vigne gênée par la sécheresse est dès maintenant arrêtée sur les coteaux; elle se continue à peine sur les cépages à végétation tardive : Carignan, Terret-Bourret, Grand Noir, Servan, Clairette, etc., ainsi que dans les plaines.

En conséquence, les personnes qui auraient à s'absenter et qui désirent pendant leur absence avoir l'esprit en repos peuvent s'épargner toute inquiétude sur la possibilité d'une attaque tardive du mildiou en appliquant dès maintenant à leurs vignes un traitement cuprique. Ce traitement, cuivrant définitivement toute la végétation, mettra définitivement aussi la vigne à l'abri d'une ou plusieurs attaques successives.

3° Les viticulteurs moins prudents ou plus sédentaires doivent-ils faire de même ? Il n'y a aucun inconvénient *pour la vigne* à ce qu'elle soit cuivrée une dernière fois en ce moment. Ils peuvent cependant se rappeler que la prochaine attaque de mildiou, *si elle se produit*, est sous la dépendance exclusive des spores d'hiver restant dans le sol; elle ne peut pas provenir des germes d'été actifs (taches blanches) qui n'existent à peu près nulle part. Or ces spores ont été peu nombreuses à l'automne dernier, j'ai eu beaucoup de mal pour recueillir les quantités nécessaires à la prévision de la première invasion. Si donc, elles pouvaient encore assurer une attaque, celle-ci serait nécessairement très faible et sans importance immédiate; la seconde serait encore inoffensive, seule la troisième pourrait être inquiétante. Mais pour que ces trois attaques se produisent, il faut qu'après une première forte et longue pluie deux autres pluies se succèdent à moins de sept jours d'intervalle, soit en tout trois semaines qui nous amènent à la véraison à partir de laquelle les grappes ne peuvent plus guère être contaminées.

D'autre part si les spores d'hiver ont donné facilement des germes actifs au printemps (avril-mai) elles se refusent maintenant à en produire avec une persistance qui donne à penser que leurs facultés germinatives si elles ne sont pas totalement perdues sont au moins très atténuées.

Dans ces conditions il semble qu'on ne court pas de risques sérieux en s'abstenant de sulfater les vignes en ce moment. Au reste si grâce à un radical changement de temps et à des circonstances imprévues une très improbable première et forte attaque se produisait, on serait encore à temps d'arrêter les suivantes qui seraient plus dangereuses, par un traitement approprié.

4° Il y a une légère recrudescence de l'oïdium.

5° Avec cette note prend fin pour cette année le service des avertissements agricoles. MM. les chefs de poste, que je remercie de leur précieuse collaboration, sont donc dispensés de nous envoyer désormais les observations relatives à la température et à la pluie. Ils devront donc mettre les thermomètres en lieu sûr. Mais ils peuvent, s'ils le veulent, continuer à mesurer l'importance des pluies, cela leur fournira des indications dont ils pourront faire leur profit.

Il est probable que l'année prochaine les observations pourront être faites avec des appareils enregistreurs, dont la surveillance est moins absorbante que celle des thermomètres ordinaires, etc. La transmission des renseignements et instructions sera probablement assurée par des moyens nouveaux et extrèmement rapides qui sont actuellement à l'étude.